ICS 91.100.10
Q 13

U0819427

团 体 标 准

T/SBMIA 014—2020

建筑用修补砂浆

Repair Mortar for Building

2020—09—15 发布 2020—10—01 实施

上海市建筑材料行业协会 发布

目　次

前　言

本标准按照 GB/T 1.1—2009 给出的规则起草。

本标准的某些内容可能涉及专利,本标准的发布机构不承担识别这些专利的责任。

本标准由上海市建筑材料行业协会提出。

本标准由上海市建筑材料行业协会标准调研部归口。

本标准负责起草单位:上海市建筑材料行业协会干混砂浆分会、同济大学、上海环宇建筑工程材料有限公司。

本标准参加起草单位:上海标仕建筑工程材料有限公司、上海耐齐建材有限公司、上海伟星新材料科技有限公司、上海市建筑科学研究院、上海同济检测技术有限公司、浙江忠信新型建材股份有限公司。

本标准主要起草人:张国防、赵洁、李敏波、王昶、窦钦锋、郑薇、陈宁、赵红、杭法付。

首批承诺执行单位:同济大学、上海环宇建筑工程材料有限公司、上海标仕建筑工程材料有限公司、上海耐齐建材有限公司、上海伟星新材料科技有限公司、上海市建筑科学研究院、上海同济检测技术有限公司、浙江忠信新型建材股份有限公司。

本标准委托上海市建筑材料行业协会干混砂浆分会负责解释。

本标准为首次发布。

建筑用修补砂浆

1 范围

本标准规定了建筑用修补砂浆的术语和定义、分类和标记、一般要求、技术要求、试验方法、检验规则以及标志、包装、运输和贮存。

本标准适用于建筑物砌体及混凝土结构修复修补工程用的干混砂浆。

2 规范性引用文件

下列文件对于本文件的应用是必不可少的。凡是注日期的引用文件,仅注日期的版本适用于本文件。凡是不注日期的引用文件,其最新版本(包括所有的修改单)适用于本文件。

GB 9774 水泥包装袋

GB/T 14684—2011 建设用砂

GB/T 17671 水泥胶砂强度检验方法(ISO 法)

GB/T 29756—2013 干混砂浆物理性能试验方法

GB/T 50082 普通混凝土长期性能和耐久性能试验方法标准

JC/T 547—2017 陶瓷砖胶粘剂

JC/T 681 行星式水泥胶砂搅拌机

JC/T 1004 陶瓷砖填缝剂

JC/T 1024 墙体饰面砂浆

JGJ 63 混凝土用水标准

JGJ/T 70—2009 建筑砂浆基本性能试验方法标准

3 术语和定义

下列术语和定义适用于本文件。

3.1

建筑用修补砂浆 repair mortar for building

由水泥、骨料、可再分散乳胶粉和添加剂等组成,在专业生产工厂经计量混合而成的,用于建筑物砌体及混凝土结构修复修补工程的干混砂浆。在现场按比例加水、机械搅拌均匀即可使用。

3.2

建筑用结构修补砂浆 mortar for building structural repair

用于修补建筑物结构性受损部位混凝土或砌体材料的干混砂浆。

3.3

建筑用非结构修补砂浆　mortar for building non-structural repair

用于修复建筑物非结构性受损部位混凝土或砌体材料的干混砂浆。

4　分类和标记

4.1　分类

按用途,建筑用修补砂浆分为建筑用结构修补砂浆(MSR)和建筑用非结构修补砂浆(MNSR)。

按早期强度,建筑用修补砂浆分为普通型(N)和快硬早强型(R)。

4.2　标记

产品按下列顺序标记:产品名称、类别和本标准号。

示例1:普通型建筑用结构修补砂浆标记为:

普通型建筑用结构修补砂浆 MSR N T/SBMIA 014—2020

示例2:快硬早强型建筑用非结构修补砂浆标记为:

快硬早强型建筑用非结构修补砂浆 MNSR R T/SBMIA 014—2020

5　一般要求

本标准包括的产品的生产与应用不应对人体、生物与环境造成有害的影响,所涉及的安全与环保要求,应符合我国相关国家标准和规范的规定。

6　技术要求

6.1　外观

粉料应均匀一致、无结块。

6.2　性能

6.2.1　建筑用结构修补砂浆的性能应符合表1的要求。

表1　建筑用结构修补砂浆的性能要求

项目		性能指标	
		普通型	快硬早强型
氯离子含量/%		≤0.05	
终凝时间/h		≤10	
保水率/%		≥95.0	
可操作时间/min		≥30	
抗压强度/MPa	6 h	—	≥10.0
	1 d	—	≥15.0

表 1　建筑用结构修补砂浆的性能要求(续表)

项目		性能指标	
		普通型	快硬早强型
抗压强度/MPa	7 d	≥20.0	
	28 d	≥35.0	
抗折强度/MPa	6 h	—	≥3.0
	1 d	—	≥5.0
	7 d	≥6.0	
	28 d	≥7.5	
拉伸粘结强度/MPa	1 d 原强度	—	≥1.0
	28 d 原强度	≥1.5	
	耐热	≥1.0	
	耐水	≥1.0	
	耐冻融[a]	≥1.0	
干燥收缩率/%	28 d	≤0.10	
吸水量/(kg/m^2)	24 h	≤2.0	
抗碳化性能[a](碳化深度)/mm		≤15	
抗氯离子侵蚀性能(电通量)[a]/C		≤1500	
抗渗性能[a]/MPa		≥2.0	
a. 可选项目,由供需双方协商确定			

6.2.2　建筑用非结构修补砂浆的性能应符合表 2 的要求。

表 2　建筑用非结构修补砂浆的性能要求

项目		性能指标	
		普通型	快硬早强型
氯离子含量/%		≤0.05	
终凝时间/h		≤10	
保水率/%		≥95.0	
可操作时间/min		≥30	
抗压强度/MPa	6 h	—	≥5.0
	1 d	—	≥7.5
	7 d	≥10.0	
	28 d	≥15.0	
抗折强度/MPa	6 h	—	≥2.0
	1 d	—	≥3.0
	7 d	≥4.0	
	28 d	≥6.0	

表 2　建筑用非结构修补砂浆的性能要求(续表)

项目		性能指标	
		普通型	快硬早强型
拉伸粘结强度/MPa	1 d 原强度	—	≥0.5
	28 d 原强度	≥0.5	
	耐热	≥0.5	
	耐水	≥0.5	
	耐冻融[a]	≥0.5	
干燥收缩率/%	28 d	≤0.10	
吸水量/(kg/m^2)	24 h	≤2.0	
抗氯离子侵蚀性能(电通量)[a]/C		≤1500	
抗渗性能[a]/MPa		≥2.0	
a. 可选项目,由供需双方协商确定			

7　试验方法

7.1　标准试验条件

标准试验条件:环境温度(23±2)℃,相对湿度(50±5)%,试验区的循环风速小于 0.2 m/s。

7.2　养护时间允许的时间偏差

所有试件的养护时间允许的时间偏差应符合表 3 的要求。

表 3　试件养护时间允许的时间偏差

试件养护时间	≤24 h	48 h	7 d	14 d	>14 d
养护时间允许的时间偏差	±15 min	±30 min	±30 min	±2 h	±4 h

7.3　试验材料

7.3.1　试验材料的放置

准备不少于 25 kg 的建筑用修补砂浆。所有试验材料(建筑用修补砂浆、拌和水等)试验前应在标准试验条件下放置至少 24 h。

7.3.2　试验用混凝土板

试验用混凝土板应符合 JC/T 547—2017 附录 A 的要求。

7.3.3　试验用水

试验用水应符合 JGJ 63 的要求。

7.4　建筑用修补砂浆的拌和

按生产厂商说明,称量 2 kg~3 kg 的建筑用修补砂浆,准备建筑用修补砂浆所需用水量(如给出一个数值范围,则应取中间值)。在所有项目测试过程中,制备样品时的用水量应保持一致。

在符合 JC/T 681 要求的搅拌机中,应按照生产厂商提供的搅拌方式进行拌和,或者按下列步骤进行操作：

a）将水倒入搅拌锅中；

b）将建筑用修补砂浆在 30 s 内匀速倒入搅拌锅中；

c）低速搅拌 60 s；

d）停止搅拌，取出搅拌叶，30 s 内用刮刀清理搅拌叶和搅拌锅壁上的砂浆；

e）高速搅拌 120 s；

f）静停 60 s，再低速搅拌 60 s。

砂浆拌和好后，备用。

7.5 外观

目测。

7.6 氯离子含量

按照 GB/T 14684—2011 第 7.11 条的规定进行。

7.7 终凝时间

按 7.4 条拌和好砂浆，然后按 JGJ/T 70—2009 第 8 章的规定进行。

7.8 保水率

按 7.4 条拌和好砂浆，然后按 JGJ/T 70—2009 中第 7 章的规定进行。

7.9 可操作时间

按 7.4 条拌和好砂浆，然后按 JC/T 1024 的规定进行。

7.10 抗折强度和抗压强度

按 7.4 条拌和好砂浆，按 GB/T 17671 规定方法成型试件。6 h 与 1 d 抗折强度和抗压强度，是在标准试验条件下分别养护至 6 h 和 1 d 后脱模，然后按 GB/T 17671 的规定进行。7 d 与 28 d 抗折强度和抗压强度，是在标准试验条件下养护 1 d 脱模后，继续在标准试验条件下分别养护至 7 d 和 28 d，然后按 GB/T 17671 的规定进行。

7.11 拉伸粘结强度

7.11.1 拉伸粘结原强度

按 7.4 条拌和好砂浆，按照 GB/T 29756—2013 第 12 条规定方法成型 10 个试件，试件成型厚度为（5±1）mm。

1 d 拉伸粘结原强度，是在标准试验条件下养护 20 h 后，将试件取出，用适宜的高强度粘结剂将拉拔接头粘结在试件成型面上；在标准试验条件下继续静置 4 h；然后按照 GB/T 29756—2013 第 12 条的规定进行，并记录拉伸破坏位置。

28 d 拉伸粘结原强度，是在标准试验条件下养护 27 d；将试件取出，用适宜的高强度粘结剂将拉拔接头粘结在试件成型面上；在标准试验条件下继续静置 24 h；然后按照 GB/T 29756—2013 第 12 条的规定进行，并记录拉伸破坏位置。

7.11.2 耐热拉伸粘结强度

按 7.4 条拌和好砂浆，按照 GB/T 29756—2013 第 12 条规定方法成型 10 个试件，试件成型厚度为(5±1)mm。在标准试验条件下养护 14 d，然后将试件放入(70±2)℃的干燥箱中 14 d，应保证每个试件周围空气自由循环。

将试件取出，用适宜的高强度粘结剂将拉拔接头粘结在试件成型面上；在标准试验条件下静置 24 h；然后按照 GB/T 29756—2013 第 12 条的规定进行，并记录拉伸破坏位置。

7.11.3 耐水拉伸粘结强度

按 7.4 条拌和好砂浆，按照 GB/T 29756—2013 第 12 条规定方法成型 10 个试件，试件成型厚度为(5±1)mm。在标准试验条件下养护 20 d，然后将试件放入(23±2)℃的水中 7 d，应保证每个试件周围的水自由循环。

将试件取出，用布擦干表面水分，用适宜的高强度粘结剂将拉拔接头粘结在试件成型面上；在标准试验条件下静置 7 h，然后放入(23±2)℃的水中 17 h；取出，用布擦干表面水分，然后按照 GB/T 29756—2013 第 12 条的规定进行，并记录拉伸破坏位置。

7.11.4 耐冻融拉伸粘结强度

按 7.4 条拌和好砂浆，按照 GB/T 29756—2013 第 12 条规定方法成型 10 个试件，试件成型厚度为(5±1)mm。在标准试验条件下养护 7 d，然后将试件放入(23±2)℃的水中养护 21 d。将试件取出，进行冻融循环试验。

冻融循环步骤如下：

a）将试件从水中取出，在 2 h±20 min 内降至(−15±3)℃；

b）将试件在(−15±3)℃下保持 2 h±20 min；

c）将试件浸入(23±2)℃的水，升温至(15±3)℃，保持该温度 2 h±20 min。

重复上述冻融循环 25 次。在最后一次循环后，取出试件，在标准试验条件下养护 24 h，然后按照 GB/T 29756—2013 第 12 条的规定进行，并记录拉伸破坏位置。

7.12 28 d 干燥收缩率

按 7.4 条拌和好砂浆，然后按 GB/T 29756—2013 第 14 条的规定进行。试块尺寸为 40 mm×40 mm×160 mm。

7.13 24 h 吸水量

按 7.4 条拌和好砂浆，然后按 JC/T 1004 的规定进行，试件浸水时间为 24 h。按照公式(1)计算每个试件的吸水量。

$$W_{ab} = (m_t - m_0)/A \qquad (1)$$

式中：

W_{ab}——24 h 吸水量，kg/m^2；

m_t——浸水 24 h 后试件的质量，kg；

m_0——浸水前试件的质量，kg；

A——试件浸入水中的断面面积，m^2。

24 h 吸水量取 6 个试验结果的算数平均值，精确至 0.1 kg/m^2。

7.14 抗碳化性能

按 7.4 条拌和好砂浆，然后按 GB/T 17671 规定方法成型试件。在标准试验条件下养护，24 h 后脱模，然后继续在标准试验条件下养护到 25 d，取出试件，在(70±2)℃下烘干 48 h 至恒重(恒温 3 h 两次称量试件质量的变化率小于 0.2%。)。然后，按 GB/T 50082 的规定进行。

7.15 抗氯离子侵蚀性能

按 7.4 条拌和好砂浆，将适量砂浆一次性放入 ϕ100 mm×50 mm 的试模内，按照 JGJ/T 70—2009 第 9 章的人工插捣方法成型试件，放在标准试验条件下养护 1 d 后脱模，在标准试验条件下继续养护 27 d；然后按照 GB/T 50082 的规定进行。

7.16 抗渗性能

按 7.4 条拌和好砂浆，然后按 JGJ/T 70—2009 第 15 章的规定进行。

8 检验规则

8.1 检验分类

按检验类型分为出厂检验和型式检验。

8.1.1 出厂检验

建筑用修补砂浆的出厂检验项目包括外观、凝结时间、保水率、可操作时间、抗压强度和抗折强度(7 d、28 d)、28 d 拉伸粘结原强度。快硬早强型还应包括 6 h 与 1 d 抗压强度和抗折强度、1 d 拉伸粘结原强度。

8.1.2 型式检验

型式检验包括本标准第 6 章中的全部项目和供需双方合同中商定的性能。有下列情况之一时应进行型式检验：

a) 新产品投产或产品定型鉴定时；

b) 正常生产时，每年至少进行 1 次；

c) 出厂检验结果与上次型式检验结果有较大差异时；

d) 产品停产 6 个月以上恢复生产时；

e) 原材料、配方和生产工艺发生较大变化时。

8.2 组批

连续生产，同一配料工艺条件制得的产品为一批。建筑用修补砂浆产品 200 t 为一批。不足上述数量时亦作为一批。

8.3 抽样

每批产品随机抽样，抽取不少于 50 kg 样品，充分混匀。取样后，将样品一分为二。一份检验，一份留样。

8.4 判定规则

产品检验结果符合标准规定时，则判该批产品合格。若结果中有一项不符合标准要求时，重新用留样对该项目复检。若该项目符合标准规定时，则判该批产品合格；若仍不符合标准规定时，则判该批产品不合格。

9 标志、包装、运输和贮存

9.1 标志

产品外包装上应包括：

a）生产厂名、地址；

b）商标；

c）产品标记；

d）产品用水量（水料比）与产品净质量；

e）使用说明书；

f）生产日期或批号；

g）运输与贮存注意事项；

h）贮存期。

散装发运时，应提供与袋装标志相同的卡片。

9.2 包装

9.2.1 产品可采用袋装或散装。袋装时应采用符合 GB 9774 规定的防潮包装袋。每袋净含量不应小于其标志质量的99%。随机抽取 20 袋，总质量（含包装袋）不应小于标志质量总和的 100%。不同用途的产品，包装应有明显区别。

9.2.2 产品包装中应附有产品合格证。

9.3 运输和贮存

9.3.1 运输和贮存时，不同类型、用途的产品应分别堆放，不应混杂。避免日晒雨淋，禁止接近火源，防止碰撞，注意通风。

9.3.2 散装产品应贮存在散装移动筒仓内，筒仓应密闭，且防雨、防潮。

9.3.3 袋装产品应在室内干燥贮存。应有防雨、防潮、防扬尘措施。

9.3.4 产品贮存期自生产之日起计时，不宜超过 6 个月，并在产品说明书与包装标识上明示。

图书在版编目(CIP)数据

建筑用修补砂浆 / 上海市建筑材料行业协会主编
. —上海：同济大学出版社，2020.11

ISBN 978-7-5608-9575-8

Ⅰ. ①建… Ⅱ. ①上… Ⅲ. ①建筑材料—生物材料—砂浆—地方标准—上海 Ⅳ. ①TU5-65

中国版本图书馆 CIP 数据核字(2020)第 219568 号

团体标准

建筑用修补砂浆

上海市建筑材料行业协会 主编

责任编辑 朱 勇
责任校对 徐春莲
封面设计 陈益平

出版发行 同济大学出版社 www.tongjipress.com.cn
(地址：上海市四平路 1239 号 邮编：200092 电话：021－65985622)
经 销 全国各地新华书店
印 刷 常熟市大宏印刷有限公司
开 本 889mm×1194mm 1/16
印 张 1
字 数 32 000
版 次 2020 年 11 月第 1 版 2020 年 11 月第 1 次印刷
书 号 ISBN 978-7-5608-9575-8
定 价 20.00 元